MOYENS SIMPLES

DE RETIRER

DE LA CANNE ET DE LA BETTERAVE

TOUT LE SUCRE

QU'ELLES CONTIENNENT.

MOYENS SIMPLES

DE RETIRER

DE LA CANNE ET DE LA BETTERAVE

TOUT LE SUCRE

QU'ELLES CONTIENNENT,

OPUSCULE DANS LEQUEL SONT SIGNALÉS LES APPAREILS QUI DOIVENT ÊTRE PRÉFÉRÉS POUR OBTENIR CE RÉSULTAT.

AVEC QUATRE PLANCHES GRAVÉES SUR PIERRE.

Par M. C. **CHAUMÉ**, Ingénieur,

Et M. D*,

Intéressé à la fabrication du Sucre dans plusieurs établissements tant en France qu'aux Colonies.

———

PRIX : 2 FRANCS.

Au profit des victimes du tremblement de terre de la Guadeloupe.

———

Paris,

Chez l'AUTEUR, rue des Filles-du-Calvaire, 27, près le boulevart ;
MATHIAS, libraire, quai Malaquais, 15 ;
GUIRAUDET, imprimeur, rue Saint-Honoré, 315.

———

1843

MOYENS SIMPLES

DE RETIRER

DE LA CANNE ET DE LA BETTERAVE

TOUT LE SUCRE

QU'ELLES CONTIENNENT.

INFLUENCE DE LA LOI DE 1843 SUR LE SORT DES FABRIQUES DE SUCRE.

L'avenir seul apprendra comment les fabricants de sucre supporteront les effets de la loi récente qui les concerne.

Les intérêts des indigènes étant de nouveau mis en opposition avec ceux des colons, une lutte nouvelle va s'engager entre eux, et ce seront les mieux avisés qui obtiendront la victoire.

D'un côté les betteraves sont exploitées par des gens riches, intelligents, actifs, possédant des connaissances chimiques et mécaniques. Ils s'occupent eux-mêmes de leur industrie. Elles ne contiennent, il est vrai, que 9 à 10 pour cent de sucre. Jusqu'ici elles n'en ont même cédé que 5 à 6; mais on sait qu'il y a possibilité d'obtenir davantage.

Les colons possèdent le végétal saccarifère par excellence, puisqu'il renferme de 18 à 23 pour cent de sucre d'un arome délicieux et facile à extraire ; d'où il suit qu'ils eussent pu depuis long-temps renverser leurs rivaux s'ils les eussent imités en se mettant au courant des découvertes qui se faisaient en Europe. Au lieu de cela ils s'en sont plaint comme de choses désastreuses qu'il fallait interdire à jamais.

Ils ont poussé des cris de désespoir quand il fallait revêtir la blouse et pousser à la roue. Ils le reconnaissent enfin aujourd'hui, quoique tard, puisqu'ils sont débordés même par les fabriques de Java, de Maurice, des Indes, de la Jamaïque et du Brésil. Ils seraient donc bientôt écrasés par les produits étrangers si la betterave n'était encore là pour les en garantir. Ainsi il est de leur intérêt bien entendu qu'elle ne soit pas chassée d'un pays où elle a été si long-temps honorée. Les habitants de nos îles lui devront en définitive la fortune qu'ils sont appelés à faire, puisque c'est elle qui leur a ouvert la carrière.

Qu'ils introduisent donc dans leurs usines les perfectionnements dont elle a fait les frais et qui sont propres à leur donner tout le sucre que renferment leurs cannes, et bientôt l'aisance et même la richesse reparaîtront chez eux.

Les fabricants métropolitains n'ignorent pas les dangers qui les menacent. Ils savent que ceux des colonies peuvent en définitive les renverser, mais ils espèrent qu'il se passera de longues années avant qu'il en soit ainsi. Ils savent combien leurs antagonistes sont lents à prendre une résolution. Ils savent qu'ils manquent d'argent pour acheter de bons appareils. Ils croient qu'ils ne sauront pas choisir ceux qui sont les meilleurs. Ils savent qu'ils sont servis par les mains d'esclaves inhabiles et indolents. Ils sont informés que la plupart des localités manquent d'eau ; que le combustible est rare aux Antilles, et que la bagasse fournit peu de calorique.

Ils ne sont pas non plus épouvantés de la formation d'une Compagnie parisienne qui compte sur les appareils de MM. Desrone et Cail pour l'exploitation des cannes de la Guadeloupe et de la Martinique, et en retirer 10 à 12 pour cent bonne quatrième.

Ils savent qu'elle a établi un conseil d'administration, composé de :

M. le marquis d'Audiffret ;

M. le comte de Chazelles ;

M. André ;

M. Le Baudy, associé de **MM. J. Laffitte** et compagnie.

Ils savent qu'un capital de 18 millions est appelé pour établir aux Antilles des *usines centrales*. Ils ont vu que la durée de la société est fixée à vingt ans ; que les douze cents premiers actionnaires jouiront d'avantages particuliers prélevés sur le bénéfice net réparti ainsi :

1 pour cent à M. Le Baudy, comme auteur de la combinaison ;

3 pour cent aux fondateurs ;

7 pour cent à l'administration ;

En tout 11 pour cent, mais qui ne seront répartis qu'autant que 6 pour cent auront été employés à payer les intérêts dus à ceux qui auront versé des fonds. Ainsi on espère que l'opération produira au moins un bénéfice de 17 pour cent. S'il est plus considérable, il sera partagé par moitié entre les planteurs et la Compagnie.

Ils ont également connaissance des bases des traités qui seront passés entre la Compagnie et les cultivateurs.

Les cannes seront livrées dans les mois de février, mars, avril, mai et juin. Les agents de la Compagnie fixeront le montant des poids à livrer chaque jour.

Ils refuseront celles qui ne seront pas en bon état. Ils pourront cependant les exploiter pour le compte du colon.

L'estimation du rendement sera faite d'après le degré aréométrique que marquera le vesou, et s'il est de 9 degrés, chaque 100 kilogr. de cannes donnera droit provisoirement à 6 kilog. de sucre.

Le colon s'engage à fournir pendant dix années toutes les cannes qu'il récoltera ; à prêter au besoin tout son monde, toutes ses bêtes et ses charrettes.

S'il vend son habitation, il imposera à l'acquéreur les obligations qu'il aura lui-même contractées envers la Compagnie.

S'il reste des bénéfices après que tous les frais de fabrication, d'administration, de gratification, etc., etc., auront été prélevés, les colons en partageront entre eux *la moitié, l'autre étant acquise à la Compagnie.*

Si l'usine venait à chômer par quelque accident que ce fût, les fournisseurs de cannes n'auront aucun droit à demander une indemnité.

Si la Compagnie venait à se dissoudre, les planteurs pourraient faire fonctionner la fabrique à leurs risques et périls jusqu'au moment où elle serait vendue.

La Compagnie n'est engagée envers les contractants qu'autant qu'elle aura pu réaliser un assez grand nombre de traités et placé une masse suffisante d'actions.

Telles sont les conditions les plus remarquables.

L'établissement d'Usines où viendront se faire écraser les cannes de cinq à six propriétaires, après avoir parcouru un chemin tortueux, long et à profondes ornières, semble impossible aux cultivateurs de betteraves, et comme ils ont vu que toutes les sucreries montées sur une très grande échelle ont succombé en Europe, quoique dirigées par de savants et habiles industriels, ils en concluent que celles qui sont projetées aux Antilles auront le même sort, et ils espèrent bien tirer parti de la confusion et des embarras qui en seront la conséquence.

Si, au lieu d'hommes titrés dont les noms ne sont que des garanties morales, de banquiers haut placés, et de fabricants d'appareils dont l'habileté n'est contestée par personne, ils eussent vu à la tête de la *Compagnie royale des Antilles* des hommes de pratique et ayant fait leurs preuves dans l'art de la fabrication, ils eussent pu concevoir quelques inquiétudes; mais, cela n'ayant pas lieu, ils sont tranquilles sur le sort de leur industrie.

En effet, connaissant la puissance des cylindres, et la comparant à celle infiniment plus grande des presses hydrauliques, qui ne font rendre en cours de fabrication que 65 à 70 pour cent de jus à la pulpe de betterave, ils pensent avec raison qu'on n'obtiendra pas de la canne plus de 65 de vesou, et comme il est à peu près certain que 65 litres de vesou marquant en moyenne 10 deg. aréométriques ne fourniront pas 10 kilogr. de sucre, ils entrevoient l'impossibilité d'un rendement de 10 à 12 pour cent, ainsi que le promettent aventureusement les constructeurs d'appareils, sans s'y obliger positivement.

Cette opinion leur paraît encore d'autant mieux fondée, que les appareils qui sont destinés aux Usines centrales, pour les évaporations, sont garnis de tuyaux placés horizontalement afin que le vesou, après avoir coulé sur tous, puisse acquérir quelques degrés de densité, ce qui a lieu réellement ; mais l'expérience est venue prouver que l'on perdait plus qu'on ne gagnait à ce mode de travail par lequel les jus sont *engraissés*, d'où il résulte des pertes en sucre qui ne sont pas compensées par l'économie de combustible que l'on obtient.

Ils savent encore que ce même appareil, débarrassé de son dangereux condenseur à tuyaux, exige autant d'eau froide à 12 degrés que celui d'Howard, c'est-à-dire de 18 à 24 fois le poids de la vapeur du liquide sucré qui émane de la chaudière, et qu'ainsi, pour un travail de 20,000 kilogrammes de cannes, il en faudra tous les jours de cent soixante à deux cent mille litres, c'est-à-dire un million si on travaille pour cinq propriétaires, et ils demandent s'il existe aux Antilles cinquante localités propres à construire une grande usine, où on pourra s'en procurer une aussi grande quantité.

Ils savent que 20,000 kilogr. de végétal saccarifère exigent, lorsque l'on travaille à la vapeur, des générateurs capables de fournir en dix heures vingt-quatre mille kilogrammes de ce fluide tant pour la machine qui meut les cylindres, les pompes à air et à eau chaude, que pour évaporer, cuire, etc., ce qui fait 120,000 kilogr. pour cinq propriétaires. L'énergie calorique de la bagasse ne leur paraît pas suffisante pour satisfaire un si grand besoin ; et si cela est vrai, combien coûtera la houille qui lui viendra en aide ?

Ils n'ignorent pas non plus que le sol palpitant de la Guadeloupe ne permet pas l'érection de cheminées assez élevées pour que les immenses fourneaux qui devront être construits possèdent un tirage suffisant.

Ils demandent où la Compagnie royale se procurera à bon compte la grande quantité de charbon d'os en grain qui doit être employée au filtrage des jus et sirops , la revivification étant loin de rendre à cette précieuse substance ses qualités premières de décoloration.

Ils disent aussi avec M. Huart : Combien d'argent coûtera le peuple de directeurs, de contre-maîtres, de cuiseurs, de mécaniciens et autres ouvriers *de couleur blanche*, qui escorteront les appareils de MM. Desrone et Cail.

Ils sont curieux aussi de savoir ce qui sera fait pour les nombreuses habitations qui n'auront pas d'usine centrale dans leur voisinage...... En effet, que deviendront-elles ?

Ces réflexions les conduisent à penser que la combinaison peut être bonne comme affaire de banque, et certaine pour les constructeurs de machines et de chaudières ; mais qu'il est douteux qu'elle soit profitable aux colons et aux preneurs d'actions.

Oui, l'idée de construire aux Antilles de tels ateliers est une *utopie.* Ceux qui l'ont conçue ont

pu être entraînés par le désir très louable de secourir les colons ; mais ils n'ont pas assez tenu
compte des obstacles matériels qui s'y opposeront.
Ils n'ont pas non plus pensé à la répugnance
qu'éprouvent ceux-ci à n'être plus que des cultivateurs de cannes. Ils n'ont pu cependant ignorer
que tous se complaisent à fabriquer du sucre.
L'habitation tout entière, à l'époque de ce travail,
est dans la joie et dans l'abondance : c'est une
fête qui dure cinq mois de l'année. L'amour propre de chaque propriétaire en est flatté, et ce
sentiment est tellement inhérent en lui, qu'il ne se
résoudra que forcément à diriger ses cannes vers
la fabrique voisine de ses champs. Il enviera le
sort de celui sur le sol duquel elle aura été établie.
Il se croira rabaissé, et il sera constamment ani-
mé du désir de relever la sienne.

De deux choses l'une : ou on l'enrichira en
doublant le produit de ses terres, ou on n'amé-
liorera pas la position qu'il avait avant le tremblement de terre. Dans le premier cas, il com-
prendra que, s'il exploitait lui-même, ses affaires
seraient encore en meilleur état. Dans le second,
il pensera que, s'il n'était pas forcé de partager
ses profits, ils seraient suffisants pour lui seul.
Dans les deux il n'aura qu'une pensée, celle de
redevenir maître chez lui.

Déjà un grand nombre de colons se disposent
à faire bande à part et ne se sentent nullement
disposés à se soumettre aux dures conditions que

la Compagnie royale veut leur imposer. S'il en est ainsi dans un grand nombre de localités, que deviendra le projet ? Il périra mort-né.

Les usines centrales ne renfermeraient-elles pas d'ailleurs un principe de non-viabilité ? Nous le pensons, en songeant que les roseaux saccarifères ne peuvent attendre long-temps le moment de donner leur suc. Et s'il n'est pas indispensable de l'en exprimer aussitôt qu'ils sont séparés de la souche, il est au moins important de ne les pas laisser en tas au delà de un ou deux jours, parce que *le ferment* se développe aux sections : *ce ferment*, dont la nature n'est point encore connue et qui est peut-être une combinaison de l'azote de l'air avec la saccarine, est le LEVAIN qui développe la fermentation, d'abord *alcoolique*, puis *acide*. L'odorat reconnaît fort aisément ces transformations chimiques qui rendent incristallisable une plus ou moins grande quantité de sucre. Elles ont d'abord lieu d'une façon occulte, ce qui fait qu'elles ont déjà causé des pertes importantes lorsqu'elles sont appréciables, soit par l'odeur, soit par la couleur rouge qui se manifeste aux extrémités de la canne. C'est donc à tort que les colons croient pouvoir la conserver pendant plusieurs jours. Certes le mal est faible d'abord ; mais, quils le sachent bien, il commence peu d'heures après que ce végétal a été coupé, et il va toujours croissant.

D'ailleurs, à combien de discussions ne donneront pas lieu les obligations contractées d'un côté par les cultivateurs, et de l'autre par les agents de la Compagnie exploitante ! Que d'infidélités sont à redouter ! que de mécomptes ! que de causes de chômage dans un pays sujet aux tremblements de terre, où les chemins sont mauvais, les ouvriers paresseux, et où certaines habitations seront très éloignées du centre de travail !

Nous savons par ce qui a eu lieu en Europe que l'établissement d'une sucrerie propre à exploiter par jour 100,000 kilog. de végétal saccarifère ne peut coûter moins de 300,000 fr. Or les DIX-HUIT MILLIONS dont il est parlé ci-avant suffiraient seulement pour 50 usines et ne satisferaient que 250 propriétaires répartis sur le sol de la Guadeloupe et de la Martinique, c'est-à-dire un quart seulement.

Nous le demandons de nouveau, que deviendront les autres?

Leur tour viendra, répondra-t-on peut-être.

Soit, mais quand?... Quand l'état prospère de la compagnie le permettra.... Ainsi soit-il au plus tôt !

Cependant, comme d'ici là un grand nombre pourraient mourir d'inanition, voyons s'il n'y aurait pas un moyen plus prompt de venir à leur aide.

Nous croyons l'avoir trouvé; le voici :

IL FAUT QUE TOUT COLON POSSÈDE UN APPAREIL SIMPLE, A L'AIDE DUQUEL IL PUISSE FABRIQUER LE SUCRE QUE CONTIENNENT SES CANNES.

Pour cela, non seulement il n'est pas nécessaire qu'une grosse somme soit dépensée par chacun, parce qu'il est mauvais que les sucreries en
général soient montées avec des instruments
chers. Un gros capital employé de cette manière
est à moitié perdu et coûte trop d'intérêt. Il est
donc important de ne faire usage que d'objets
aussi simples que possible; il ne l'est pas moins
de choisir ceux qui donnent le plus grand et le
plus beau rendement.

M. Huart, auquel l'art de fabriquer le sucre
doit plus d'un bon procédé, vient de publier une
brochure dont on ne saurait trop recommander la
lecture à ceux qui s'occupent de cette industrie.
Il dit *qu'ayant toujours détourné les indigènes de se
monter d'appareils dispendieux, il ne peut que le répéter aux colons.*

S'appuyant sur de nombreux faits, il remarque
qu'aucune grande fabrique n'a fait de bonnes affaires parce qu'elle possédait une chaudière à
cuire dans le vide, mais bien plutôt parce que
l'ensemble du travail y était bien exécuté. Il leur
recommande surtout de se défier des industriels
qui ne sont que constructeurs, et, à cette occasion, il rapporte qu'un fabricant, dont il n'approu-
vait pas un appareil qu'il recommandait instam-
ment, lui répondit : Moi *je le trouve excellent,
parce que j'y emploie beaucoup de cuivre, et qu'a-
vant tout je suis marchand de cuivre.*

Il pense qu'une riche compagnie qui mettra en

curatelle pendant dix ans les planteurs de cannes pèsera de tout son poids sur eux, et il en conclut que la position la plus claire dans une telle combinaison est celle *des constructeurs et du banquier*.

Il pense aussi que des chaudières à feu suffisent pour la fabrication du sucre.

Nous connaissons personnellement M. Huart, nous l'avons vu à l'œuvre, nous avons été à même d'apprécier son génie inventif et les connaissances étendues qu'il possède sur la fabrication et le raffinage.

Praticiens aussi, et nous occupant depuis plus de quinze ans de l'industrie sucrière, ayant des intérêts engagés dans plusieurs usines tant en France qu'aux colonies, nous avons pu expérimenter en grand les divers modes de concentration et en comparer les résultats.

Le vide n'est pas indispensable pour opérer les évaporations tant que le liquide n'a pas acquis une densité de 26 à 28 degrés; mais, à dater de ce point, il est de la plus grande importance, parce qu'il est nécessaire de faire bouillir les sirops rapidement, quoiqu'à basse température, et d'autant plus basse, que les qualités sont moindres. Pour en convaincre M. Huart lui-même, nous lui rappellerons le fait que voici et dont il a eu connaissance dans le temps où il s'accomplissait.

Ayant trouvé à acheter environ 50 milliers de sucres de si basse qualité, qu'ils nous furent envoyés dans des barriques à mélasse, nous les traitâmes ainsi :

Après les avoir clarifiés et passés sur nos *filtres à noir fin*, qui ont beaucoup d'analogie avec ceux dont M. Huart se sert lui-même pour travailler les mauvaises matières, nous les avons *cuits dans le vide*. Il sera difficile au lecteur de le croire, et cependant *c'est l'exacte vérité*.

Ces misérables sucres *nous ont donné cinq jets*, dont le premier, qui était magnifique, a été vendu 124 fr. les 100 kilog., et le cinquième 84 francs les 100 kilog. (Prix courants d'alors des bonnes qualités.) Nous en avons conservé les échantillons.

Par expérience comparative, nous en sacrifiâmes quelques milliers en les cuisant dans une chaudière à bascule ; le premier jet était à grain pauvre, et le second nous a paru si misérable, qu'au bout de quelques jours nous dûmes *le refondre et le cuire dans le vide*. Ce ne fut pas sans étonnement que notre cuiseur vit reparaître de très beau grain.

En présence de tels faits, il n'est point, ce nous semble, de controverse possible.

Il en ressort nécessairement qu'à habileté égale de la part de deux fabricants, ce sera celui qui possédera les meilleurs outils qui [obtiendra les meilleurs rendements.

*Choix d'un procédé pour l'extraction du sucre contenu
dans la canne ou la betterave.*

Il y a deux manières d'exécuter l'extraction de la saccarine : l'une consiste dans la *compression*, l'autre dans le *lavage*.

Compression pour la canne. — Nous n'avons rien à dire de cet antique moulin dont on fait usage aux colonies depuis deux cents ans, et qui est composé de trois rouleaux placés verticalement ; il exprime à peine le tiers du jus que contient la canne. Il est étonnant qu'ayant été jugé mauvais depuis long-temps il existe encore dans presque toutes les habitations. Quelques propriétaires seulement l'ont fait remplacer par des cylindres horizontaux. Ceux-ci possèdent une bien plus grande force de pression ; cependant nous doutons qu'ils puissent faire rendre à la canne beaucoup plus que soixante-cinq pour cent de la saccarine qu'elle contient ; de sorte qu'ils laisseraient encore dans la bagasse au moins vingt-cinq pour cent.

Cette perte est trop considérable pour qu'on ne doive s'occuper de la diminuer de beaucoup. Dans cette intention on a employé jusqu'à cinq cylindres placés en quinconce, savoir, deux dessus et trois dessous. Les cannes, en passant sous ceux qui sont situés en avant, se trouvent amenées par le laminage à un volume égal; elles éprouvent ensuite une nouvelle compression, puis une troisième, et enfin une quatrième. Un jet de vapeur est lancé sur le cylindre du milieu ; d'autres y font arriver un filet d'eau , ce qui nécessairement aide l'extraction de la saccarine , mais ne peut jamais l'entraîner entièrement, parce que la compression mécanique, quelque puissante qu'elle paraisse à ceux qui n'ont pas construit de machines , est bien loin d'être aussi considérable qu'elle leur semble.

M. Hautessier , propriétaire à la Guadeloupe , avec lequel nous avons longuement conféré , et qui a de grandes connaissances dans la fabrication du sucre , nous a dit qu'il pensait que les cinq cylindres produisaient soixante-dix pour cent de saccarine. D'une autre part , nous avons su qu'un autre propriétaire de la Guadeloupe avait obtenu à l'aide de ce système huit pour cent de sucre , ce qui , d'après nos calculs , répond à soixante-quatre pour cent de vesou pur marquant dix un quart degrés aréométriques.

Nous concevons que pour un fabricant habitué à n'obtenir que cinq ce soit un sujet de joie ; mais huit sur dix-huit nous semblent si éloignés du but, que nous ne pouvons que répéter : Il y a beaucoup mieux à faire.

Les cylindres ne sont puissants qu'autant qu'ils opèrent avec lenteur. Ainsi, en supposant un travail de 2,000 kil. par heure, ils écrasent 33 kil. un tiers de cannes par cinq minutes ; ils fournissent en une demi-heure environ 650 litres de liquide propre à la défécation. Ainsi pendant trente minutes il attend... , *c'est-à-dire pour nous qu'il fermente :* car dans un pays où la température est entre 28 et 36 degrés la fermentation va vite.

Les cylindres sont très chers, puisqu'ils coûtent jusqu'à 15,000 f. ; et plus ils sont chers, meilleurs ils sont.

Ceux-ci exigent une force motrice égale à dix et même douze chevaux , c'est-à-dire une dépense de 1,500 à 1800 litres d'eau et 50 à 60 kilog. de houille ou 120 à 150 de bagasse par heure, ce qui demande par jour 18,000 litres d'eau et 600 kil. de houille ou 1,500 kil. de bagasse.

Ajoutons à ce calcul cinq hommes pour le service.

Une note très importante pour la résolution de la question dont nous nous occupons nous a été communiquée par M. Dupont. Elle est de M. Desbassins, habitant de l'île Bourbon. Elle doit trouver place ici ; nous la rapporterons en entier.

5,000 kilog. de cannes vertes ont été broyées sous de forts cylindres. Elles ont donné 3,396 kil. et demi de vesou et 1,603 kil. et demi de bagasse , ce qui répond à un rendement de 68 kil. de vesou par cent kil. de cannes.

Ensuite 200 kil. de cannes vertes ont été passées quatre fois sous les mêmes cylindres ; elles ont donné 148 kil. de vesou et 52 kil. de bagasses humides, ce qui répond à un rendement en jus de 74 kil. par 100 kil. de cannes.

Les bagasses ayant été desséchées n'ont plus

pesé que 36 kil., de sorte qu'il s'en est évaporé 16 kil. d'eau.

2,287,350 litres de vesou ont fourni, savoir :

1ᵉʳ	Très beau sucre	301,000 k.	
2ᵉ	Beau sucre	81,062	1ǀ2
3ᵉ	Beaucoup moins bien	21,812	1ǀ2
4ᵉ	Tout à fait inférieur	3,437	1ǀ2
		407,312 k. 1ǀ2	

C'est un rendement en sucre de 17 quatre cinquièmes pour cent du vesou, quoique 22 pour cent de celui-ci soient restés dans la bagasse ; ce qui produit une perte de plus de 80,000 kil. de sucre.

Dans le second cas (celui de l'expérience à quatre pressions), il y en aurait encore un sixième.

Au surplus, M. Desbassins dit que, la moyenne du vesou obtenu de 1825 à 1834 n'ayant été que de 4,950 de vesou et de 225,800 de sucre *tout bon* par 10,000 kil. de cannes, l'amélioration très importante qui est signalée ci-avant est due à la cuisson à basse température qui a été adoptée chez lui cette dernière année.

Qu'on le sache donc et qu'on ne l'oublie pas, *la pression la plus énergique d'un système écrasant conduit avec le plus grand soin n'a pu, en fabrique courante, produire que soixante-huit de vesou ; c'est 22 pour cent de perdus, et cette pression quatre fois renouvelée n'a pu amener que 74, ce qui en a fait perdre 16 seulement.* Cela étant positif, la compression n'est bonne qu'autant qu'il n'y a pas mieux. Or le fabricant qui travaillerait par la *voie aqueuse*, non seulement gagnerait plus que son voisin, mais bientôt il ferait arrêter son usine. C'est en effet le sort de toutes celles qui ne suivent pas les progrès que fait chaque industrie.

Le système des cylindres est donc très dispendieux, et ne peut être applicable partout ; il a en outre le grave inconvénient d'être casuel, difficile et très coûteux à réparer.

Ces faits, parfaitement apprécis par **MM.** *Dupont* et *Delongchamps* en janvier dernier, démontrent, ainsi qu'ils le disent, *la nécessité d'une modification profonde dans le travail ; elle doit tout à la fois produire une large économie, doubler la production, et atténuer en même temps ce qu'il y a de pénible dans le mode de fabrication actuelle aux colonies.*

Compression pour la betterave. — Cette racine, étant réduite en pulpe au moyen d'une râpe rotative, est mise dans des sacs, qui sont ensuite arrangés sur le plateau d'une presse hydraulique. On obtient ainsi jusqu'à 85 pour cent et même plus de saccarine ; mais en fabrication courante on ne dépasse généralement pas 65 à 68.

Cette machine, malgré son énergie, laisse donc encore dans le végétal une quantité importante de sucre ; c'est ce qui a toujours fait porter les regards des fabricants de sucre indigène vers LA VOIE AQUEUSE.

Lavage. — Le lavage a été essayé de diverses

manières ; les fabricants de sucre de betteraves en ont tiré avantage en le combinant même avec la pression. Ainsi presque tous maintenant font arriver un filet d'eau sur leurs râpes , et plusieurs en ont employé avec avantage vingt pour cent du poids de la betterave ; on a ainsi environ 70 litres de jus naturel et un total de 90 de liquide. Aux colonies on a fait de même, et on s'en est bien trouvé ; mais il en est résulté une dépense tellement considérable de combustible , qu'il n'y a eu que ceux qui ont obtenu des qualités supérieures en concentrant dans des chaudières closes qui ont pu travailler avec profit. Cependant une lumière a dû nécessairement sortir de ces faits; elle éclaire la question , et prouve que par le lavage seulement il est possible d'enlever à un végétal le sucre qu'il contient. Les expériences faites en grand depuis plusieurs années ont mis cette vérité hors de doute ; il ne reste plus qu'à choisir le meilleur procédé.

M. Dombasle a proposé la *macération* à chaud , et il la fait précéder de la *coction* de la betterave, afin d'en *amortir* la vitalité. Il coupe ce végétal par tranches qu'il enferme dans un sac; il le fait bouillir un instant dans une chaudière entourée de sept cuviers placés de manière à ce qu'une grue puisse transporter le sac d'un cuvier à celui qui suit; il appelle cette opération *virement*.

En opérant de la sorte il a retiré en cours de petite fabrication DIX POUR CENT DE SUCRE, le jus pur marquant sept degrés et demi à l'aréomètre. Certainement c'est un rendement considérable ; mais combien en a-t-il coûté pour la main-d'œuvre ? Combien surtout a-t-il dépensé de combustible pour évaporer la grande quantité d'eau qu'il a ajoutée ? Voici ce dont l'habile agronome ne nous a pas informés.

M. de Beaujeu macère d'un autre façon : il construit des plates-formes qu'il dispose en gradins ; il y place autant de cuviers ; il les charge de betteraves tranchées, et, faisant arriver un filet d'eau dans celui qui est le plus élevé , il fait passer le liquide de l'un à l'autre au moyen de siphons. Ainsi il évite beaucoup de main-d'œuvre.

M. Cailleux, directeur de la fabrique de sucre tiré des cannes desséchées à la Guadeloupe, a beaucoup perfectionné ce dernier procédé en plaçant chaque cuvier sur un chariot, et au moyen d'un plan incliné et d'un moufle , il les attire l'un après l'autre sur une plate-forme, afin d'enlever celui dont les cannes sont épuisées , et en placer un en bas qui en contient de neuves. Par ce moyen il n'y reste pas un atome de sucre. Il est fâcheux que M. Cailleux ne puisse exécuter les évaporations et la cuite dans des chaudières closes, parce qu'il est certain qu'il ferait des sucres bien meilleurs que ceux qu'il obtient. Ce n'est pas tout de s'approprier la saccarine, il faut pouvoir extraire de celle-ci le précieux sel essentiel qu'elle renferme.

La macération est une opération qui marche avec lenteur ; elle laisse pendant trop de temps la saccarine en contact avec l'eau et l'air. Les sucres donnés par ce système sont toujours plus gras que ceux qui sont le résultat d'une extraction prompte.

MM. Martin et Champonnais, l'ayant remarqué, y ont substitué *le lavage rapide*; malheureusement encore leur EXTRACTEUR, employant beaucoup d'eau, a trouvé peu d'acheteurs.

MM. Pelletan et Delabarre ont ensuite inventé leur LÉVIGATEUR, jolie machine à mouvement rotatif continu, qui, placée obliquement ainsi qu'une vis *d'Archimède*, reçoit de la râpure de betterave par le bas et la rejette par le haut, après qu'elle a été lavée et retournée dans 24 cases. Ils avaient espéré que quinze pour cent d'eau froide suffiraient ; mais l'expérience a démontré qu'il en fallait le double pour dépouiller entièrement la pulpe de tout le sucre qu'elle contient. De ceci il résulte que, quoique cet instrument produise vite des jus dépouillés de mucilage, donnant des sucres magnifiques et d'une odeur agréable, il est peu employé. Il est d'ailleurs d'un prix élevé, attendu qu'il est compliqué. Une machine plus simple était donc à chercher ; nous nous en sommes occupés.

La macération lente ayant le grave inconvénient de déterminer l'engraissage des jus, le lavage rapide ayant celui de ne pas entraîner avec peu d'eau toute la saccarine, nous en avons inventé une qui agit de façon à remplir parfaitement les conditions voulues.

Notre ᴇxʜᴀᴜʀɪsᴜᴄ divise finement la canne ou la betterave. Il en détruit instantanément la vitalité; il en extrait la saccarine dans un espace de temps qui n'est ni trop long ni trop court, et ce avec dix à vingt pour cent d'eau. Au fur et à mesure que le jus est extrait, il l'envoie à la chaudière de défécation. Enfin il comprime le résidu, afin de le rendre propre à la nourriture des bestiaux, ou à être moulé en mottes excellentes pour être brûlées non seulement sous les chaudières destinées aux évaporations, mais encore sous celles qui doivent fournir de la vapeur à haute température.

L'eau ajoutée au jus naturel en abaisse nécessairement le degré aréométrique : ainsi celui qui, étant épuré, marquerait 6 degrés, et auquel on en ajouterait un cinquième, n'en marquerait plus que cinq; il y a donc nécessairement une plus grande masse à évaporer; mais on a observé que cette addition rendait la défécation plus facile, et qu'il en était de même de la concentration. Or, comme d'une autre part nous indiquerons le moyen de concentrer en dépensant huit à dix fois moins de combustible qu'on ne l'a fait jusqu'ici, il n'y a plus rien à redouter à ce sujet.

Nous profitons de cette occasion pour dire aux fabricants en général qu'ils ne doivent pas se faire illusion sur la richesse d'un jus naturel haut en degré, attendu que les matières hétérogènes qu'il contient y contribuent souvent pour beaucoup. C'est pour cette raison que du vesou déféqué et filtré soigneusement sur du charbon d'os en poudre fine peut marquer de deux à quatre degrés de moins qu'avant d'avoir subi ces opérations : ce n'est donc qu'alors seulement qu'on peut en apprécier la véritable richesse.

Disons aussi que de l'eau distillée froide dans laquelle on fait dissoudre du sucre parfaitement blanc marque autant de demi-degrés aréométriques qu'elle contient de parties de ce sel essentiel sur cent. Ainsi supposons que du vesou bien épuré marque 10 degrés. On en conclura qu'il renferme 20 kilog. de sucre et 80 d'eau.

Il faut que l'on sache aussi que la densité d'un liquide est différente suivant qu'il est froid ou qu'il est chaud. Du sirop marquant à chaud 41 degrés aréométriques (point de cuite) marque à froid 43 degrés ; il ne contient en conséquence que 14 parties d'eau sur cent, et non pas dix-huit. Nous nous complaisons à informer par anticipation les propriétaires de sucreries de ces choses, parce que cette connaissance les mettra à portée de reconnaître la valeur des végétaux saccarifères qu'ils cultivent (1).

---

(1) Nous préparons en ce moment un ouvrage sur la fabrication et le raffinage du sucre. Les planches qui sont à la fin de cet opuscule font partie de celles que nous lui destinons. Le lecteur ne doit donc pas faire attention au numérotage.

Les expériences faites en grand par MM. de Dombasle, de Beaujeu, Martin, Pelletan et Delabarre, Cailleux, ainsi que par une foule de fabricants, ayant prouvé que la VOIE AQUEUSE seule peut donner tout le sucre contenu dans la bette-rave et la canne, c'est vers elle que les indigènes tournent SÉRIEUSEMENT leurs regards ; ils sont compétents en matière de sucre, et il est important pour les colons de suivre la route que leurs rivaux savent tracer à grands frais. Jusqu'ici une seule difficulté les avait arrêtés dans l'adoption exclusive de ce système. Elle consistait, nous le répétons, dans la dépense exagérée de combustible, qui n'était pas compensée par le rendement en sucre.

Aujourd'hui cet obstacle est levé.

En effet, MM. Pelletan et Delabarre ont imaginé une chaudière close dans laquelle on évapore de 35 à 40 litres d'eau par kilog. de houille que l'on brûle sous un générateur (1). Malheureusement cette chaudière est compliquée, difficile à nettoyer, et comme elle ne travaille qu'avec de la vapeur, qu'elle coûte 4,000 fr., et qu'il en faut deux pour une fabrique ordinaire, elle n'est pas à la portée de toutes les bourses.

Nous avons imaginé un système qui est beau-

______

(1) Une commission désignée dans le sein de l'Académie des sciences a été appelée à vérifier ce fait important pour tous les industriels qui ont de grandes évaporations à exécuter.

coup plus simple, et par lequel on évapore à feu nu jusqu'à 50 litres d'eau par kilog. de houille ou trois environ de bagasse. Les fabricants qui ont des générateurs peuvent également en faire usage. Nous le destinerons particulièrement à ceux qui s'occupent de l'industrie sucrière.

L'extraction par la voie aqueuse exige impérieusement que les évaporations soit faites dans des vases hermétiquement fermés, parce que le temps nécessaire, lorsqu'elles ont lieu dans des chaudières où l'air pénètre, détermine *l'azotation:* nous en avons acquis la preuve en traitant des jus très faibles *à l'air libre*, et comparativement dans *le vide.* Une densité qui n'était pas en harmonie avec le degré aréométrique qu'ils eussent dû marquer en raison de la proportion d'eau qui s'en était dégagée s'est manifestée de bonne heure dans les premiers, et ils n'ont pu qu'être changés en *mélasse ;* tandis que les autres se sont parfaitement comportés et ont donné de très beau sucre.

Un fait semblable s'est passé chez M. de Puylaroque, à Montauban. Du jus de betterave obtenu par la pression, au mois d'avril 1839, a été concentré et cuit dans *des chaudières à grilles* et à vapeur de M. Pecqueur ; il n'a pu donner de cristaux. D'autres ont été traités en entier dans le grand *appareil à vide* que MM. Pelletan et Delabarre venaient de faire monter dans sa fabrique. Ces jus, au grand étonnement du propriétaire et des employés, ont produit des sucres tellement beaux, que l'on a trouvé bon d'exploiter ainsi une grande quantité de betteraves, qui étaient encore en silos et qui avaient été abandonnées.

L'absence d'eau douce dans un grand nombre de localités semblerait devoir rendre impossible l'emploi de la voie aqueuse surtout aux colonies ; mais, en recueillant celle que contiennent les cannes, on pourra en profiter de même.

Les équipages à concentrer les jus de cannes composés de cinq chaudières en potin n'ont encore été remplacés que dans quelques habitations par des chaudières en cuivre ; ce n'est pas que ce dernier métal soit absolument nécessaire pour construire les vases dans lesquels les vesous sont concentrés : car nous avons obtenu des sucres très beaux en employant des chaudières de fer entretenues dans un bon état de propreté ; mais ce qui est une cause bien plus réelle de détérioration des liquides sucrés consiste en ce que le feu ardent qui est fait sous la plus petite appelée la batterie caramélise le sirop, tandis qu'il échauffe à peine le vesou qui contient la grande. C'est le contraire qui devrait avoir lieu.

Le moulin horizontal substitué à celui qui était vertical, le remplacement des chaudières en potin par d'autres en cuivre, ont coûté de 30 à 40,000 fr. à ceux qui ont introduit ces améliorations dans leurs usines, cependant il n'en ont pas retiré les avantages qu'ils espéraient. Ils ont obtenu, il est vrai, de meilleur sucre, mais sans augmentation importante dans la quantité, de sorte que, l'intérêt du capital qu'ils ont dépensé n'ayant pas même été couvert, ils n'ont point été imités par leurs confrères.

Il y a donc encore beaucoup à faire dans l'industrie dont nous nous occupons, puisque ni en Europe ni aux colonies on n'est parvenu à obtenir sans faire de grandes dépenses, la totalité du sucre que les végétaux saccarifères renferment.

La VOIE AQUEUSE, avons-nous dit, fournit la possibilité de s'emparer de toute *la saccarine*; mais ce n'est pas tout, il faut de celle-ci faire *du sucre*.

Les jus et sirops que l'on concentre dans les chaudières dont l'intérieur n'est pas soustrait au contact de l'air se chargent d'azote; ils s'engraissent, ainsi qu'on le dit, et perdent la propriété de cristallisation, d'autant plus qu'ils sont devenus plus mucilagineux. Cette combinaison, qui ne nous paraît point avoir été reconnue par d'autres, nous a conduits à exécuter toutes les concentrations *à vases clos*. Cette excellente méthode, qui réunit à l'avantage de donner une énorme économie de combustible celui d'empêcher les pertes qui ont lieu par le montage, ainsi que par l'évaporation (perte d'autant plus grande, qu'elle est de tous les instants), doit être substituée dans toutes les fabriques à celles des chaudières découvertes (1).

____

(1) On peut se faire une idée des pertes en sucre qui doivent avoir lieu

En nous résumant, nous dirons que le travail des usines sucrières doit avoir lieu avec ordre et sans interruption; qu'ainsi les moulins à vent sont des moteurs trop inconstants pour qu'il soit bon de les employer. Il en est de même des roues hydrauliques lorsqu'elles sont exposées à manquer d'eau, ce qui est fréquent aux colonies, précisément dans la saison de la fabrication.

Il est donc important d'y substituer des machines qui ne soient pas soumises au caprice des saisons. Celles dites à vapeur sont trop chères; elles demandent trop de soins; elles consomment trop de combustible; on construit habituellement pour elles des cheminées trop élevées pour que l'on puisse songer à elles, surtout aux Antilles.

Les rouleaux verticaux, condamnés depuis longtemps avec grande raison, doivent être définitivement bannis des colonies.

Les trois cylindres en fonte placés horizontalement, qu'on y a substitués dans quelques habitations, quoique de beaucoup préférables, sont encore loin de satisfaire à l'intention qu'on se propose en les employant.

Celui à cinq cylindres placés en quinconce est meilleur, d'autant plus qu'il reçoit un arrosement d'eau ou de vapeur; mais cette eau ou cette vapeur ne restent pas un temps suffisant en contact

dans les chaudières à air libre en se rappelant que l'on reconnaît à l'odorat l'existence d'une sucrerie placée à plusieurs mille kilomètres.

avec la bagasse pour qu'elle leur cède la totalité de la saccarine qu'elle a conservée après avoir passé sous les deux premiers.

Un système que nous avons imaginé, et qui est composé de six cylindres, dont deux préparateurs et quatre écrasants, et terminé par un hache-bagasse rotatif (1), quoique préférable encore, ne peut cependant échapper au reproche que nous faisons à tous les moyens de compression de ne pouvoir conduire complétement au but que l'on se propose.

Nous ne pensons pas néanmoins que les personnes qui possèdent de bons cylindres doivent, d'après ces observations, en faire immédiatement le sacrifice. Nous leur conseillons seulement d'y ajouter un *coupe - bagasse*, ce qui leur donnera le moyen d'*exhaurisuquer*. Nous ferons remarquer néanmoins que la compression a le grand inconvénient d'introduire dans les jus ou vesous la fécule verte et diverses matières hétérogènes, qu'il faut ensuite enlever par un surcroît de chaux employé à la défécation, ce qui n'a pas lieu lorsqu'on opère exclusivement par la VOIE AQUEUSE A FROID.

---

(1) Il est représenté dans une des planches de l'ouvrage dont nous nous occupons, et qui paraîtra d'ici à peu.

Matériel nécessaire à l'exploitation, PAR LA VOIE AQUEUSE, *de* 20,000 *kilog. de cannes ou de betteraves.*

Le meilleur système à adopter étant celui de la VOIE AQUEUSE, il est important d'indiquer quels sont les instruments qui sont propres à la mettre en pratique. C'est ce que nous allons faire.

Dans toute habitation où il est indispensable d'établir un moteur qui ne fasse jamais faute, nous conseillons notre NORIA à eau froide s'il y a un courant susceptible de produire une force constante d'environ six chevaux, attendu qu'elle fonctionne avec un tiers de moins de liquide que les meilleures roues hydrauliques ou les turbines.

Dans les localités où il n'y a pas de cours d'eau, nous montons notre NORIA A EAU CHAUDE, laquelle travaille toujours avec la *même*, qui est relevée constamment au moyen d'une dépense de 2 kilogrammes de houille ou de 5 kilog. de bagasse. Dans ce cas un petit générateur de vapeur est nécessaire.

Nous plaçons notre EXHAURISUC, machine composée 1° d'une râpe à betteraves ou à cannes, laquelle divise finement 33 kilog. de végétal par minute ; 2° de cylindres frottant sur des plaques poussées vers eux par des ressorts ; 3° de cases, dans un certain nombre desquelles 100 kilog. de râpure sont lavés, retournés et dépouillés de la *saccarine* qu'ils contiennent, et ce, en moins de trois minutes, ce qui fait un travail de 2,000 kil. à l'heure, ou 20,000 kil. par jour ; 4° de deux rouleaux compresseurs qui rendent la pulpe épuisée propre à servir de nourriture aux bestiaux ou de combustible pour l'établissement en en faisant des mottes (1).

Nous conseillons trois chaudières à déféquer (on devrait aux colonies déféquer toutes les dix minutes).

L'exhaurisuc est servi par deux hommes. Il fonctionne avec une puissance de deux chevaux, ce qui rend cette machine bien moins coûteuse que les cylindres, tant sous le rapport d'achat que sous ceux d'entretien et de frais journaliers.

Nous recommandons l'acquisition des filtres à noir fin de notre invention, parce qu'ils dépensent moitié moins de cette précieuse substance que ceux à charbon d'os en grain. Nous dirons aussi

---

(1) Des colons nous ont manifesté la crainte que des mottes de râpure de cannes ne pussent déployer autant de calorique que la bagasse ; qu'ils se rassurent en réfléchissant que celle-ci n'est un si bon combustible qu'en raison de la quantité importante de sucre qu'elle a conservée (12 pour cent du poids de la canne fraîche), et qu'ainsi il est le plus dispendieux de tous ceux qui existent, dussent-ils faire venir de la houille de France.

Au demeurant, la tourbe et les mottes provenant du tannin ou des pulpes des fruits brassés donnent la preuve que celles qui seront faites avec les détritus de cannes, auxquels on ajoutera un peu de mélasse pour les agglutiner, feront un feu parfait.

en passant que le système de la voie aqueuse veut qu'on emploie peu de noir et presque pas de chaux.

Il est de la plus haute importance de posséder notre système de chaudières closes, parce qu'il est le seul qui soit propre à concentrer par heure le jus provenant de 2,000 kil. de végétal saccarifère, et de l'amener à 28 degrés aréométriques au moyen de la faible dépense de 55 kil. de houille ou 120 de mottes.

Un petit appareil à *cuire dans le vide* fait partie de notre système de vases clos. Il n'exige point l'emploi d'eau froide pour condenser la vapeur provenant du sirop faible dont il vient d'être parlé; il y sera poussé à 41 degrés, et alors il aura perdu 260 parties d'eau, ce qui, en en réduisant la quantité, la réduira à 410 litres propres à être mis en cristallisation.

Une recette pour recueillir l'eau provenant de l'évaporation des vesous est nécessaire aux colonies, car ils en fourniront environ dix tonneaux par jour.

Une autre recette pour les sirops faibles provenant des chaudières closes est également indispensable.

Enfin un monte-jus fonctionnant à bras d'homme et un monte-sirop opérant de la même manière sont de la plus grande utilité.

PRIX DE CHAQUE OBJET.

Trois chaudières à déféquer.	1,500 fr.
Une noria.	5,000
Un exhaurisuc.	4,500
Quinze filtres.	1,500
Une batterie en vases clos.	5,000
Un appareil à cuire dans le vide.	3,000
Une recette à eau.	500
Une recette de sirop.	500
Un monte-jus.	200
Un monte-sirop.	200
	21,900 fr.

En estimant ensuite l'envoi aux colonies et la mise en place à 3,100 fr., on trouve une dépense totale de 25,000 fr.

Notre système ne nécessite point le développement d'une force motrice importante : il n'y a ni presses ni cylindres, instruments si chers, si casuels, et qui ne sont pas suffisamment productifs ; il n'y a pas d'entretien coûteux à prévoir ; il n'y a point d'employés à hauts appointements. Les hommes de couleur peuvent être facilement mis au courant d'un travail qui n'a rien de fatigant pour eux, et qui diminue considérablement la main-d'œuvre.

Dans toute localité où il pourrait être possible et avantageux d'installer une VASTE SUCRERIE, avec emploi exclusif de la vapeur, nous sommes à même de fournir des appareils de la plus grande puissance. Là se trouveraient placées plusieurs *exhau-*

risucs; notre important système de chaudières closes, à plans inclinés intérieurs, lesquels évaporent jusqu'à CENT LITRES D'EAU par chaque kilog. de houille qui est brûlé; nos générateurs également superposés, sous lesquels on utilise tout le calorique et dont les fourneaux ne sont pas terminés par une de ces hautes et si dangereuses cheminées que l'on voit partout; notre excellent grand appareil à *cuire dans le vide,* lequel est à triple effet et qui ne dépense que la moitié de la quantité d'eau froide qui est employée pour tout autre.

Mais la dépense serait d'environ 30,000 fr. par 20,000 kilog. de végétal saccarifère qui devait être exploité par jour. Ainsi, par exemple, un matériel qui serait propre à monter une usine de l'importance de celles qui sont projetées par la compagnie royale des Antilles coûterait 150,000 fr.

Il est vrai que, satisfaits de recevoir une redevance annuelle, nous renonçons à faire aucun bénéfice sur la construction. Au surplus la différence énorme qui existe entre le prix des appareils de nos concurrents et celui des nôtres provient de ce que ces derniers sont infiniment plus simples.

Appréciations des quantités d'eau introduites dans les jus naturels.

Nous avons dit que par la voie aqueuse on introduisait dans le jus naturel 10 à 20 d'eau par cent du végétal que l'on exploite, il en résulte que le liquide que l'on aura à concentrer sera composé, dans le dernier cas, par 2,000 kil., savoir :

1440 eau de végétation s'il y a 18 pour cent de sucre.

ou 1340 s'il en contient 23 pour cent.

400 eau qu'on ajoute au râpage.

360 sucre si le végétal en contient 18 pour cent.

ou 460 id. s'il en contient 23 pour cent.

Mais attendu qu'il reste environ cent litres d'eau dans la râpure qui est rejetée, et environ cinquante qui arrivent à la mélasse, il en résulte que, défalcation faite encore du sucre, il n'y en a pas 2000 à enlever.

Le vesou ainsi allongé marque nécessairement plusieurs degrés de moins que celui qui est à l'état naturel ; mais, quelle qu'ait été la quantité d'eau qu'on y ait introduite, la masse ci-dessus est réduite à environ 670 litres lorsqu'elle a été amenée à 28 degrés aréométriques.

C'est à ce degré qu'il est bon de le filtrer sur le noir si on croit qu'il a retenu des matières hétérogènes, sinon on le fait entrer de suite dans l'appareil a cuire dans le vide.

Il y perd une quantité d'eau capable de l'amener, étant chaud, à 41 degrés, qui est le point auquel il faut le mettre à la cristallisation. A cet état nous le rappelons ; il contient environ 14 parties d'eau, lesquelles vont à la mélasse.

Ceux donc qui ont écrit qu'il n'y avait pas de

mélasse dans la canne ont dit vrai, théoriquement parlant; mais ceux qui fabriquent du sucre en font parce qu'elle est la conséquence d'une opération dans laquelle l'emploi de l'eau et de la chaleur sont inévitables.

Rendements comparatifs.

Et supposant un travail exercé sur 2,000 kilog. de cannes par heure en une journée de travail, et en admettant le meilleur rendement résultant de chacun des trois modes dont nous avons parlé, puis, prenant les Antilles pour centre d'opération, on trouve

1° Sucreries actuelles bien
montées   1,350 kil.

2° Sucreries projetées par
la Compagnie royale   2,400

3° Sucreries projetées par
nous   3,500

Les produits dans ces dernières seront, pour 2,000 kil. de cannes, savoir :

Sucre de premier jet	270 kil.	sucre
Sucre de la recuite du 1er sirop	45	
Idem du 2e sirop	25	350 (1)
Idem du 3e sirop	10	
Mélasse composée de sucre et eau		60
		410 (1)

---

(1) A Bourbon, où la canne est très riche, les rendements seraient encore bien plus considérables, c'est-à-dire comme 23 sont à 18.

Ainsi qu'on le voit, on obtient 350 kil. de sucre d'un végétal qui en contient 360 par 2,000 kil., ce qui fait 3,500 k. par jour lorsqu'on en exploite dix fois autant; mais ce rendement ne peut être que la récompense de l'industriel qui aura su parfaitement tirer parti de sa matière première.

Or celui qui commence par laisser vingt-cinq pour cent de vesou dans la bagasse doit s'attendre, même en conduisant toutes les autres opérations avec la plus grande intelligence, à recueillir un quart de sucre de moins, c'est-à-dire 2,625 seulement. Les sucreries à cylindres pourraient être fières d'un tel résultat; les nôtres en seraient honteuses.

Un détail semblable serait à faire pour le rendement de la betterave; mais il est superflu ici : les fabricants qui s'occupent d'en extraire le sucre sauront bien l'établir, ils n'y manqueront pas.

Aux colonies, ainsi qu'en Europe, on emploie environ cent vingt journées à la fabrication.

Dans les premières on estime que quiconque est organisé sur le système des moulins horizontaux et des chaudières de cuivre obtient à peu près six un quart pour cent de sucre de la canne qu'il cultive, ce qui lui donne par jour pour 20,000 kil. un produit en sucre de 1,350 kil. ou deux barriques trois quarts, et en définitive 330 barriques.

Mais, nous avons établi que celui qui opérerait parfaitement bien pourrait obtenir sept barriques ou 840 b. dans le cours de 120 jours, et qu'à ce compte il abandonnerait encore à la mélasse 6,000 kil. de sucre. Ainsi nous ne pouvons être taxés d'exagération en disant que par nos procédés il est très aisé, même à des gens inhabiles, d'obtenir par jour cinq à six barriques, ce qui est le double de la production des usines le mieux montées aux Antilles.

A propos de main-d'œuvre et de bénéfices, nous ne saurions trop recommander aux colons d'abandonner l'usage qu'ils ont pris de faire cristalliser leurs sucres dans les barriques qui sont destinées à les expédier; il en résulte pour eux des pertes considérables. Ils doivent opérer la purgation avec beaucoup plus de soin, et ils se trouveront bien d'y employer des vases de métal plutôt que ceux en bois, ces derniers favorisant la fermentation. Les formes en fer galvanisé, ou celles pour lesquelles M. Huart a pris un brevet d'invention, et qui sont en tôle rendue inoxydable par une peinture spéciale, sont préférables à toutes autres, en ce qu'elles sont légères et non casuelles.

Nous employons aussi avec grand avantage de grands bacs en fer galvanisé, dont les fonds sont troués; ils contiennent mille litres de sirop, dont on *écrème* le grain au fur et à mesure qu'il se forme et se sèche.

Quelle que soit l'espèce de vase dont on se sert, il est bon de recueillir les sirops dans un lieu aussi frais que l'on peut, et de les recuire au plus tôt, c'est-à-dire tous les jours.

Dépense de combustible.

Par le travail existant actuellement, la bagasse, quoique retenant un quart du sucre de la canne, suffit à grand'peine pour satisfaire aux besoins de chaque habitant, lequel emploie environ 2,600 kilog. de bagasse sucrée à évaporer au plus 12,000 litres d'eau, ou environ 5 pour obtenir 1.

Par le travail qui sera mis en pratique dans les usines centrales, le charbon de terre deviendra indispensable et devra être mêlé à la bagasse pour donner de l'intensité au feu des vastes fourneaux, dont la haute cheminée exige à elle seule, pour avoir un bon tirage, qu'il y soit développé une chaleur de quatre à cinq cinq cents degrés, d'où il résulte réellement une perte sèche de la moitié du combustible que l'on brûle ; ce qui entraîne une dépense double de celle que nous venons de signaler.

Nous avons dit que la canne réduite en sciure pouvait être transformée en mottes. Or on sait que de 20,000 kil. de cannes bien dessucrées on ne peut obtenir que 2,000 kilog. de combustible.

Ce qui a lieu dans les tanneries, où un homme confectionne au moins trois mille mottes par jour, nous apprend qu'un nègre pourra aisément en faire deux, et il ne sera pas bien fatigué à ce

métier, car il ne l'obligera à élever, par heure,
à un mètre que 2 à 300 kil., quand la force ordinaire de l'homme est de 43,200 kil.

Ces 2,000 kilog. de combustible employés à
chauffer nos appareils évaporeraient à raison de 3
kilog. pour 40 d'eau 80,000 litres de ce liquide ;
or nous n'en avons que 20,000 ; donc nous aurions 1,500 kilog. de mottes à vendre par jour,
ou, ce qui revient au même, nous n'aurions à en
faire confectionner que 5 à 600 kilog., ou environ
trois cents mottes. Cette main-d'œuvre est de si
peu d'importance, qu'elle mérite à peine d'être
mise en ligne de compte.

L'économie des trois quarts (soit moitié) que
nous obtenons provient de ce que nous utilisons
tout le calorique ; et, en effet, la fumée sortant de
notre courte cheminée, qui n'est qu'un tuyau de
poêle n'ayant que quatre à cinq mètres de hau-
teur, sera à peu près froide, ainsi que nous l'a-
vons fait observer nombre de fois à ceux qui ont
visité divers appareils chauffés par notre procédé.
Il nous restera donc du combustible à vendre,
et nous aurons des acheteurs.

D'après ce qui a été exposé dans ce qui précè-
de, il n'est point possible de se faire illusion sur
le sort des fabriques de sucres tant en France
qu'aux colonies.

Celles-là seulement pourront travailler qui a-
dopteront un système propre à porter le rendement à sa dernière limite, à donner de grandes

économies de main-d'œuvre et de combustible :
c'est une guerre de concurrence qui va s'établir.

Que les colons ne se fassent donc pas illusion :
toutes les fabriques de sucre de betteraves qui
sont dirigées par des agriculteurs aisés, toutes
celles même qui, sans cultiver, ne paient pas la
betterave, le combustible et la main-d'œuvre trop
cher, abandonneront les presses pour adopter LA
VOIE AQUEUSE; elles feront arranger leurs chaudières
découvertes pour les disposer en vases clos. Enfin
elles achèteront un petit appareil à cuire dans le
vide. Après quoi, obtenant huit à neuf pour cent,
au lieu de quatre à cinq, tout en ayant diminué
leurs dépenses de fabrication, elles attendront pa-
tiemment que leurs adversaires en aient fait autant, espérant que ce ne sera pas de sitôt.

Les colons ont reconnu trop tard combien avait
été grande la faute qu'ils avaient commise en aug-
mentant leur culture, sans en même temps chan-
ger leur mauvais outillage de fabrication. Aujour-
d'hui ils sont forcés de se rendre à l'évidence, et
ils reconnaissent que le marché français appar-
tiendra désormais à ceux qui produiront beaucoup
et bien. Ce moyen est légitime, personne ne le leur
conteste, et il ne tient qu'à eux de l'employer.

Il n'est au pouvoir de personne de fournir aux
indigènes ou aux étrangers des procédés dont les
uns et les autres ne puissent presque aussitôt s'emparer. La science travaille forcément pour tous;
elle est cosmopolite malgré elle.

Moyens de procurer aux colons la facilité d'apporter dans leur fabrication les perfectionnements dont il est parlé ci-devant.

Malheureusement peu d'habitants des Antilles sont en état de faire l'achat des appareils qui sont indispensables pour bien travailler. En vain ils tourneraient leurs mains suppliantes vers le gouvernement; il peut bien secourir ceux qui ont tout perdu dans un tremblement de terre , mais il ne peut relever leurs établissements : c'est à la spéculation qu'ils doivent s'adresser.

Nous avons vu qu'une société s'était instituée, au capital de DIX-HUIT MILLIONS, avec l'intention d'établir tant à la Guadeloupe qu'à la Martinique un certain nombre d'usines centrales, qui , si elles sont réparties en raison du nombre des sucreries, suffiront à peine à en monter trente-quatre dans l'une et dix-sept dans l'autre ; ce qui satisfera seulement à cent soixante-six planteurs dans la première et à quatre-vingt-trois dans la seconde. De sorte qu'à la Guadeloupe quatre cent trente-quatre et à la Martinique trois cent dix-sept sont abandonnés !.. Il eût donc fallu pouvoir construire cent vingt usines centrales dans la plus importante de ces îles et quatre-vingts dans la moindre ; mais il en eût coûté 60 millions, tandis que *mille sucreries* montées par notre procédé ne reviendraient qu'à vingt-cinq. Cette dernière somme , quoique considérable , n'est cependant pas hors de la pos-

sibilité des capitalistes français, et nous ne doutons pas qu'une grande maison de banque ne pût
réunir assez de souscriptions pour former ce capital ; mais nous n'osons le proposer.

On peut avec beaucoup moins arriver au même
but, quoique plus lentement. Voici donc quel est
le moyen qui nous paraît devoir être employé :

Une société se formerait au capital de TROIS
MILLIONS, dont le dixième ou *trois cent mille francs*
seraient versés immédiatement chez le banquier
de la société.

Trente mille francs seulement seraient employés
à construire un système complet tel que nous l'a-
vons décrit et tel qu'il est représenté dans les planches que nous avons jointes à cet opuscule.

Il serait essayé, au moyen de bas sucres, qui
seraient fondus dans une quantité d'eau suffisante
pour composer un liquide marquant 9 à 10 degrés,
et que l'on concentrerait jusqu'au point de cuite.

S'il ne laissait rien à désirer, on s'occuperait
aussitôt de l'exécution de neuf autres ; ils seraient tous expédiés à la Guadeloupe et établis
chez les divers souscripteurs qui possèdent des
habitations. Il serviraient nécessairement d'exemple. La compagnie attendrait ensuite les comman-
des. Aussitôt qu'il s'en présenterait, il serait procédé à l'appel d'un second dixième, et ainsi de
suite jusqu'à l'épuisement des trois millions, lesquels auraient satisfait à cent vingt sucreries.

Mais, pendant l'espace de temps qui se serait

écoulé, des rentrées nombreuses auraient eu lieu, ce qui donnerait le moyen de continuer.

Supposons maintenant un *pis-aller*, c'est-à-dire que l'appareil d'essai ne valût rien, la liquidation serait faite avec la minime perte d'*un centième* d'action.

Si au contraire l'opération se poursuivait, elle amènerait des bénéfices tellement importants (ce que nous allons bientôt démontrer), que dans cet espoir ils valent bien la peine de risquer quelque chose.

Ne le dissimulons pas néanmoins, d'autres se présenteront dans l'arène : car, de même que la *Compagnie royale des Antilles* a un côté faible, la nôtre ne pourra pas satisfaire à tous les besoins qui étreignent les colons ; mais le champ est vaste, il y a à glaner pour plusieurs.

Nous avons cependant de bonnes chances pour nous, parce que 1° nous fournissons sans bénéfice de fabrication un excellent outillage ; 2° nous donnons au fabricant tout le sucre que contient sa récolte ; 3° nous lui donnons celui de concentrer avec une très faible dépense de combustible ; 4° nous lui économisons la main-d'œuvre ; 5° nous lui procurons de l'eau tant pour lui-même que pour ses animaux et ses jardins ; 6° nous établissons nos appareils de manière à ce que les ouragans ne puissent les endommager, ou au moins très peu ; 7° enfin nous lui évitons l'embarras et les désagréments *d'envoyer aux moulins communs.*

Certes d'autres peuvent arriver à faire quelque chose d'analogue; mais la découverte de procédés nouveaux ne s'improvise pas; elle n'est que la suite d'expériences longues et coûteuses, et nous en savons quelque chose. Il n'est donc pas probable qu'il en surgira instantanément un qui vaille mieux, et, comme d'ailleurs nos procédés sont d'une grande simplicité et qu'ils donnent tout ce qu'on peut attendre d'un bon système, il n'y a pas de raison solide pour qu'un autre lui soit préféré.

Le nôtre aura un avantage important sous divers rapports :

1° Il relève la véritable fabrication coloniale et la fortune des planteurs, dont il ménage en même temps les justes suceptibilités.

2° Il sauvegarde les intérêts des commissionnaires, menacés par une opération *monopolisatrice* qui aura pour effet de dépouiller les ports de mer du commerce des sucres coloniaux.

Il fournit aux hommes riches un moyen à la fois honorable et avantageux d'exercer leur philanthropie en aidant de leurs capitaux les efforts que nous faisons pour tirer d'embarras une foule de gens en souffrance.

Projet des conventions qui seraient faites avec les fabricants auxquels la compagnie fournirait un appareil.

L'étendue des cultures d'un fabricant étant reconnue, il serait spécifié qu'il retire annuellement un maximum déterminé de sucre cristallisé.

Un appareil lui serait livré; il le ferait établir soit à ses frais, soit par l'aide de la compagnie.

Le prix de cette opération serait à part de celui de l'appareil; la compagnie s'obligerait à mettre le gérant en état d'en comprendre le mécanisme et de le conduire.

Le colon s'engagerait à ne vendre pendant la première année aucune quantité de sucre à l'insu de la compagnie sous peine de dommages-intérêts (fixés à l'avance).

La quantité de boucauts qu'il vend habituellement resterait néanmoins à son entière disposition.

Celle qui serait en sus serait réputée comme étant le résultat de l'emploi des nouveaux procédés; elle serait estimée à l'amiable ou vendue par l'intermédiaire de deux courtiers, l'un choisi par le propriétaire, l'autre par la compagnie, ou enfin elle serait expédiée pour France aux commissionnaires. La compagnie prélèverait le prix des avances qu'elle aurait faites, plus l'intérêt à six pour cent, et enfin une prime égale à cet intérêt.

Le colon s'obligerait, en outre, à une redevance de cinq barriques sur cent calculée sur le *plus grand rendement* qui lui aurait été donné par suite de l'usage qu'il aurait fait des appareils.

Cette redevance aurait lieu pendant douze années consécutives, et ne pourrait être diminuée sous aucun prétexte.

Il lui serait accordé de s'affranchir de cette obligation en renonçant à l'emploi de tous les appareils qui lui auraient été fournis; mais il serait stipulé que l'usage d'un *seul de ces appareils* le laisserait dans la même position que s'il faisait usage de la totalité; et dans le cas où il renoncerait à tous, il s'obligerait à les rendre dans l'état où ils se trouveraient, sans pouvoir prétendre à une indemnité.

Les colons qui, par leur position financière, pourraient acquérir, en payant comptant, soit la totalité des appareils dont se compose notre système, soit quelques uns seulement, seraient affranchis du paiement de la prime en argent stipulée pour la première année; mais ils seraient obligés à la redevance de trois barriques sur cent de tous leurs produits annuels pendant douze ans.

Si le propriétaire de la sucrerie vendait son héritage, il stipulerait dans l'acte les obligations qu'il aurait contractées, et celui qui lui succéderait serait tenu de les remplir.

La compagnie ferait jouir l'acquéreur de tous les perfectionnements qu'elle pourrait apporter dans les appareils ou même dans les procédés de fabrication dont elle aurait connaissance; mais les frais qui en résulteraient seraient au compte du second (1).

---

(1) Ces idées ne sont que provisoires; elles ne sont là que comme pierre d'attente; mais elles suffisent pour prouver la simplicité des traités à passer. Il sera l'ouvrage d'hommes spéciaux sur la matière.

Rien n'étant exagéré dans la combinaison que nous proposons, rien ne s'oppose non plus à ce qu'elle serve de base à la formation d'une *compagnie financière :* car elle ne peut être que profitable à un grand nombre de personnes. En effet, celle-ci rentrerait dès la première année dans les fonds qu'elle aurait déboursés; elle en recevrait l'intérêt, et de plus une prime égale à cet intérêt (*cette dernière pouvant servir de réserve*); elle recevrait en outre cinq barriques par chaque cent que ferait annuellement pendant douze années le fabricant en sus de la quantité qu'il avait faite jusque alors. Le planteur qui produit habituellement deux cents barriques et qui en ferait désormais cinq cents n'aurait que quinze barriques *premier jet* à payer en échange d'un bénéfice si considérable, et certes il les donnerait de bon cœur.

Mais ce qui serait pour lui d'un avantage immense, c'est que dès la première année il aurait payé son appareil, et qu'il aurait en outre mis en caisse une somme plus qu'égale à sa valeur. De là lui arriverait le moyen de se libérer promptement s'il avait des dettes, ou de s'enrichir s'il n'en avait pas.

En supposant que la compagnie plaçât *six cents* appareils *dans l'espace de quinze ans*, durée de la société, ce qui n'aurait rien d'extraordinaire, puisque le nombre de nos sucreries coloniales est d'au moins dix-huit cents, elle aurait reçu et vendu au moins *dix mille barriques* de sucre, qui, à 200 fr,

l'une, auraient versé dans sa caisse DIX-HUIT MIL-
LIONS.

Elle aurait en outre perçu *neuf cent mille francs*
de prime.

Le personnel se composerait de quatre agents
principaux choisis à la Guadeloupe parmi les propriétaires souscripteurs, et de deux à la Martinique.

Il en serait désigné également d'autres pour
Bourbon, Cayenne, et autres colonies.

Une indemnité leur serait accordée pour l'exer-
cice de leurs fonctions; ils auraient sous leurs
ordres un ou deux commis seulement.

Un conseil d'administration générale serait établi
à Paris pour gérer la société.

Les chiffres venant à notre aide, nous les invo-
quons pour attirer l'attention sur notre projet ;
nous le soumettons donc au sérieux examen des
hommes honorables qui ont l'habitude des grandes
affaires.

Les gravures jointes à cet opuscule sont destinées à donner une idée de nos appareils, et à
mettre les fabricants à même d'en apprécier le
mérite. Cependant nous n'avons pas dû en repré-
senter les détails par la peur que nous avons des
FRÉLONS INDUSTRIELS.

Quant à l'ensemble du système, nous dirons
que, quoiqu'il soit le fruit de nos réflexions, celui
de notre expérience en fabrication de sucre, celui
de coûteux essais et de recherches persévérantes

pendant plus de quinze ans , nous en avons emprunté les éléments à diverses industries , ce qui est un garant de succès , puisqu'ils ne sont qu'une application de choses employées déjà pour obtenir divers effets.

La spéculation de la grande et très honorable maison de banque qui s'occupe en ce moment de réunir *dix-huit millions* pour l'établissement *de quelques usines centrales* n'a rien qui amoindrisse la valeur de notre projet , car nous ne suivons point la même route. Contents de recueillir les miettes qui tombent de sa table , nous disons humblement :

A LA COMPAGNIE ROYALE DES ANTILLES LES GRANDES SUCRERIES ! *à nous les moyennes et les petites !*

NOTA. *Les demandes d'appareils , ainsi que celles d'actions , doivent être adressées* franco *à M. Chaumé.* On le trouve chez lui de dix heures à midi , excepté les jours fériés.

NORIA CALORI-HYDRAULIQUE
DE Mr CHAUMÉ

La Noria est le Moteur Hydraulique le plus puissant en ce qu'il est celui qui utilise le mieux le poids de l'eau et qui la retient le plus longtems. Il peut être employé avec les chutes les plus faibles comme avec les plus hautes et s'il ne l'a point encore été dans la grande industrie, c'est qu'il ne s'était encore montré aucun Ingénieur qui s'en fût sérieusement occupé.

Celle que nous présentons ici fonctionne à l'aide d'une chute artificielle opérée avec de l'eau échauffée par l'air tiré d'un fourneau par l'action d'un Cône de vapeur qui le dirige dans des tonneaux à soupapes placés dans un réservoir inférieur.

Ce Moteur trouve naturellement son application dans toutes les usines privées d'eau courantes et dans celles où cette eau est peu abondante, soit toute l'année soit dans quelques saisons seulement.

Les deux Figures montrent la Noria a a vues de face et vues de côté

Figures 1 et 2 AA quatre roues dentées, ou bien deux tambours à Pans supportés et adaptés à un batis en fer ou en bois.

BB Chaîne sans fin à laquelle sont fixés des augets bbb, capables de contenir une quantité déterminée d'eau suivant la puissance que l'on veut obtenir.

cc Recette d'eau, elle est mobile et peut être élevée ou descendue afin d'augmenter ou diminuer à volonté et suivant le besoin la force du système.

DD Sont les tonneaux monteurs d'eau au moyen d'une pression alternative opérée avec neuf volumes d'air chaud et un volume de vapeur laquelle élève le liquide dans la recette c. au moyen des tuyaux NN

F Volant, lorsqu'il est nécessaire de régulariser le mouvement

G Pignon de renvoi de force, lorsqu'on ne la tire pas directement de l'axe de la roue dentée A

H Fourneau et petit générateur de vapeur

I Tuyau de conduite de l'air chaud de la cheminée aux tonneaux à eau

K Tuyau de vapeur poussant l'air chaud dans les tonneaux

L Tuyau opérant la soufflerie par un jet de vapeur lancé dans la cheminée M

N Tuyau élevant alternativement l'eau des tonneaux D dans les recettes O c

O Grand reservoir d'eau dans lequel sont plongés les tonneaux D et qui y versent les augets a a

Nota. La Noria est préférable aux meilleures roues, aux turbines et même aux machines à vapeur, 1.° parcequ'elle est bien moins cher à établir, 2.° parcequ'elle ne dépense que deux Kilo.mes de houille par force de cheval, 3.° parcequ'elle peut, sans danger de s'abimer, rester longtems dans l'inaction

Imp. de F. Binsbach.

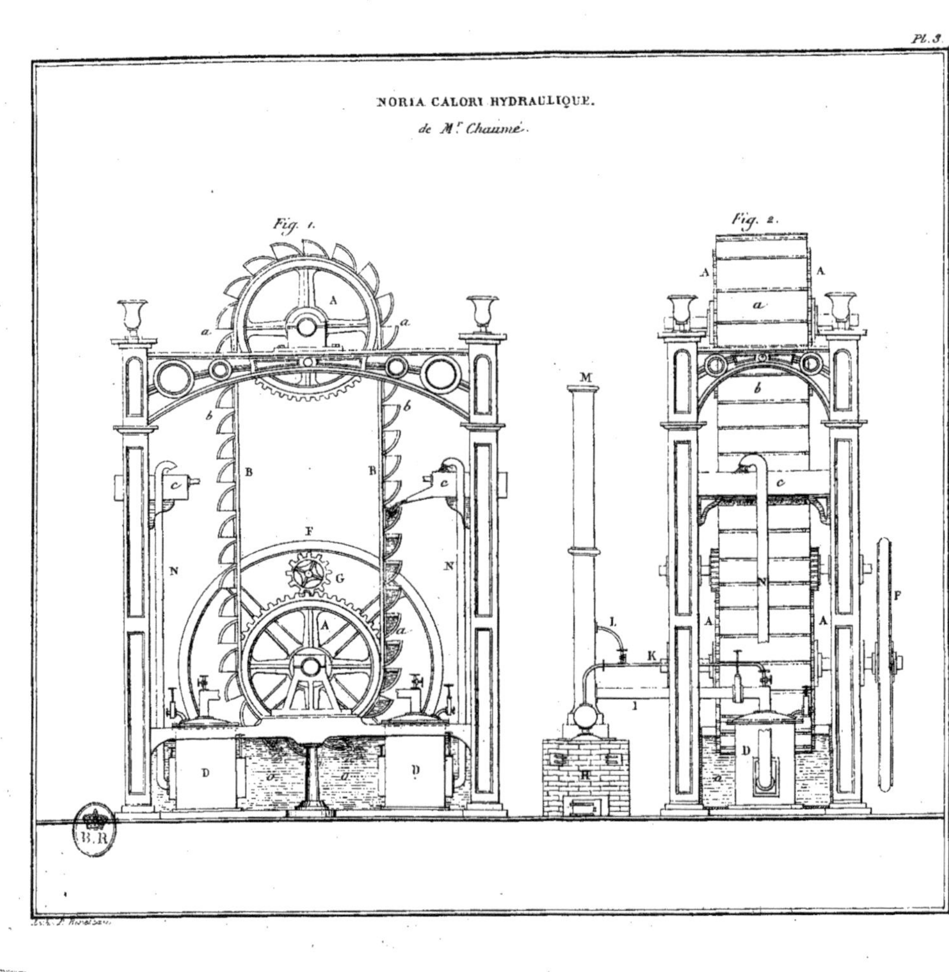
NORIA CALORI HYDRAULIQUE.
de M. Chaumé.
Fig. 1.
Fig. 2.
A
a
B B
F
G
A
N N
b b
c c
D a a D
M
L
K
R
N
A A
a
b
c
D
F

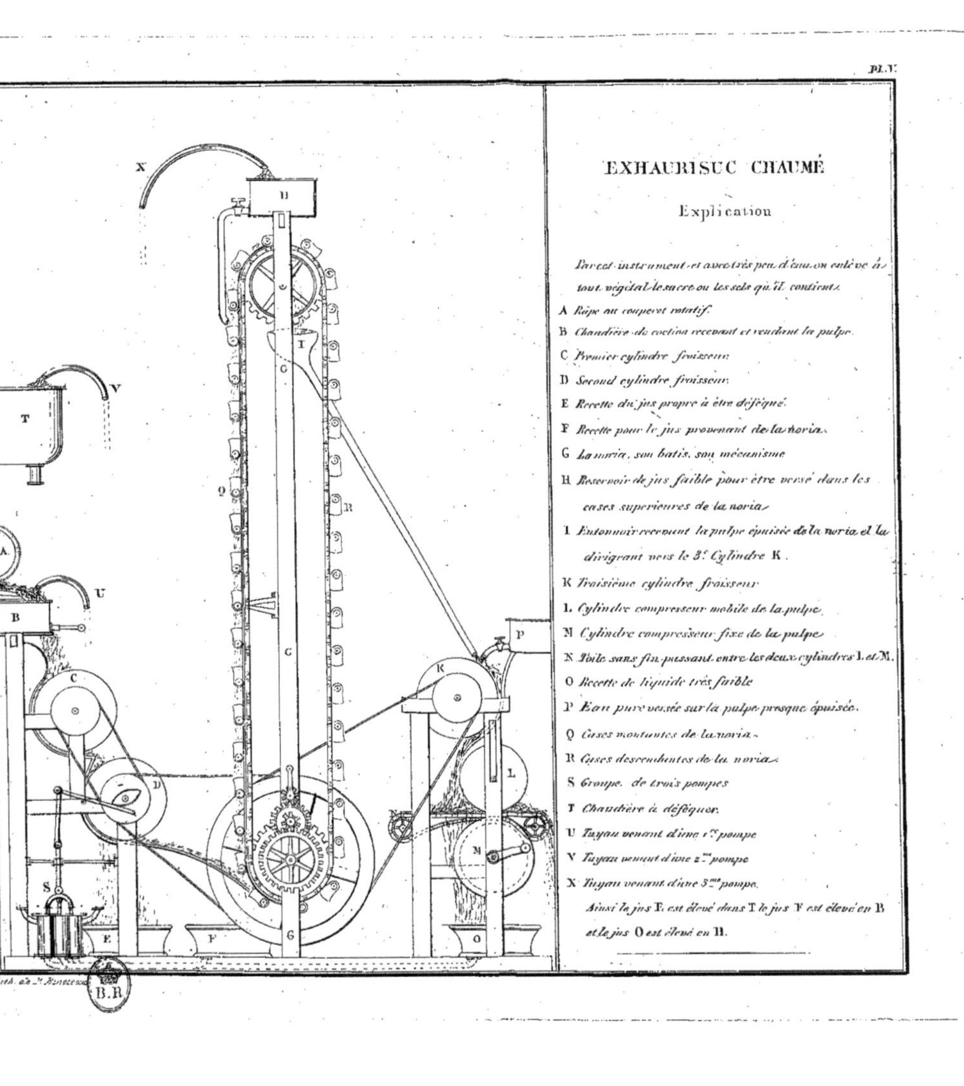

Pl. V.

EXHAURISUC CHAUMÉ

Explication

Par cet instrument et avec très peu d'eau on enlève à tout végétal le sucre ou les sels qu'il contient.

A Râpe ou coupe-rot rotatif.
B Chaudière de coction recevant et rendant la pulpe.
C Premier cylindre froisseur.
D Second cylindre froisseur.
E Recette du jus propre à être défèqué.
F Recette pour le jus provenant de la noria.
G La noria, son batis, son mécanisme
H Reservoir de jus faible pour être versé dans les cases superieures de la noria
I Entonnoir recevant la pulpe épuisée de la noria et la dirigeant vers le 3e Cylindre K.
K Troisième cylindre froisseur
L Cylindre compresseur mobile de la pulpe.
M Cylindre compresseur fixe de la pulpe
N Toile sans fin passant entre les deux cylindres L et M.
O Recette de liquide très faible
P Eau pure versée sur la pulpe presque épuisée.
Q Cases montantes de la noria
R Cases descendantes de la noria
S Groupe de trois pompes
T Chaudière à défèquer.
U Tuyau venant d'une 1re pompe
V Tuyau venant d'une 2me pompe
X Tuyau venant d'une 3me pompe.
Ainsi le jus E est élevé dans T le jus V est élevé en B et le jus O est élevé en H.

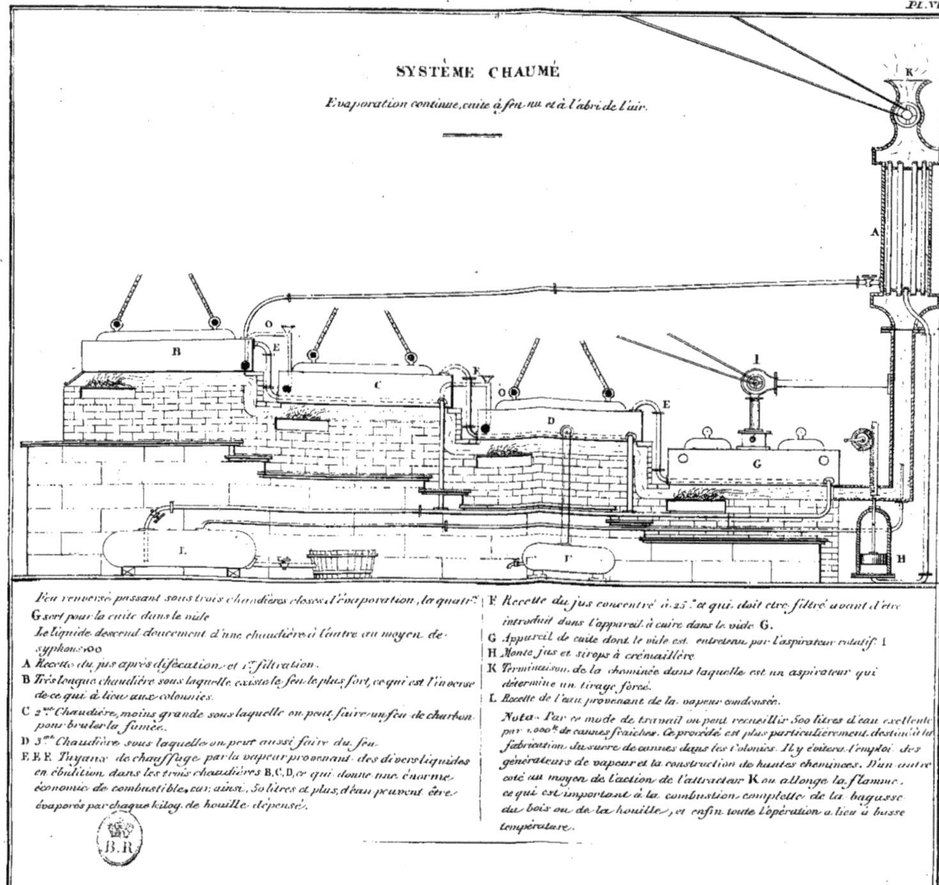

Feu renversé passant sous trois chaudières closes d'évaporation, la quatr.
G sert pour la cuite dans le vide

Le liquide descend doucement d'une chaudière à l'autre au moyen de syphons OO

A Recette du jus après défécation, et 1.re filtration.

B Très longue chaudière sous laquelle existe le feu le plus fort, ce qui est l'inverse de ce qui à lieu aux colonies.

C 2.me Chaudière, moins grande sous laquelle on peut faire un feu de charbon pour brûler la fumée.

D 3.me Chaudière sous laquelle on peut aussi faire du feu.

E.E.E. Tuyaux de chauffage par la vapeur provenant des divers liquides en ébullition dans les trois chaudières B.C.D, ce qui donne une énorme économie de combustible, car ainsi, 50 litres et plus, d'eau peuvent être évaporés par chaque kilog. de houille dépensé.

F Recette du jus concentré à 25.° et qui doit être filtré avant d'être introduit dans l'appareil à cuire dans le vide G.

G Appareil de cuite dont le vide est entretenu par l'aspirateur rotatif I.

H Monte jus et sirops à crémaillère.

K Terminaison de la cheminée dans laquelle est un aspirateur qui détermine un tirage forcé.

L Recette de l'eau provenant de la vapeur condensée.

Nota. Par ce mode de travail on peut recueillir 500 litres d'eau excellente par 1.000.k de cannes fraîches. Ce procédé est plus particulièrement destiné à la fabrication du sucre de cannes dans les colonies. Il y évitera l'emploi des générateurs de vapeur et la construction de hautes cheminées. D'un autre côté au moyen de l'action de l'attracteur K on allonge la flamme, ce qui est important à la combustion complette de la bagasse du bois ou de la houille, et enfin toute l'opération a lieu à basse température.

EXPLICATION

La Planche ci à coté représente une fabrique montée d'après le système de la voie aqueuse et travaillant à feu nu à l'aide de vases clos et d'un appareil à vide.

La figure 1 est l'élévation
La figure 2 est le plan horizontal

A — Est notre Noria employée comme moteur.

B — Est la Râpe à cannes ou à betteraves.

C — Est l'Exhausteur.

D — Est l'emplacement d'une ou de plusieurs chaudières à vapeur superposées d'après notre système pour tirer parti de toute la chaleur que peut produire un combustible

E — Est la recette des jus provenant de l'Exhausteur.

F — Sont trois chaudières à déféquer; Un seul fourneau placé en avant est disposé de manière à ce que l'on puisse les faire fonctionner tour à tour.

G — Est une chambre spéciale où sont placés nos filtres à noir fin.

H — Est un réservoir dans le milieu duquel passe la cheminée de l'établissement. On y envoit les jus ou vesous défégués qui sont destinés à être concentrés.

III — Chaudières closes dont la plus grande travaille à feu nu, et les deux autres par la vapeur provenant du liquide contenu dans chacune.

K — Appareil à concentrer les sirops dans le Vide.

L — Tonneaux destinés à recevoir l'eau provenant de la condensation de la vapeur que émane des jus ou vesous.

Nota: Une seule cheminée existe et les fumées des divers fourneaux de l'établissement s'y rendent

Imp. de P. Bineteau.

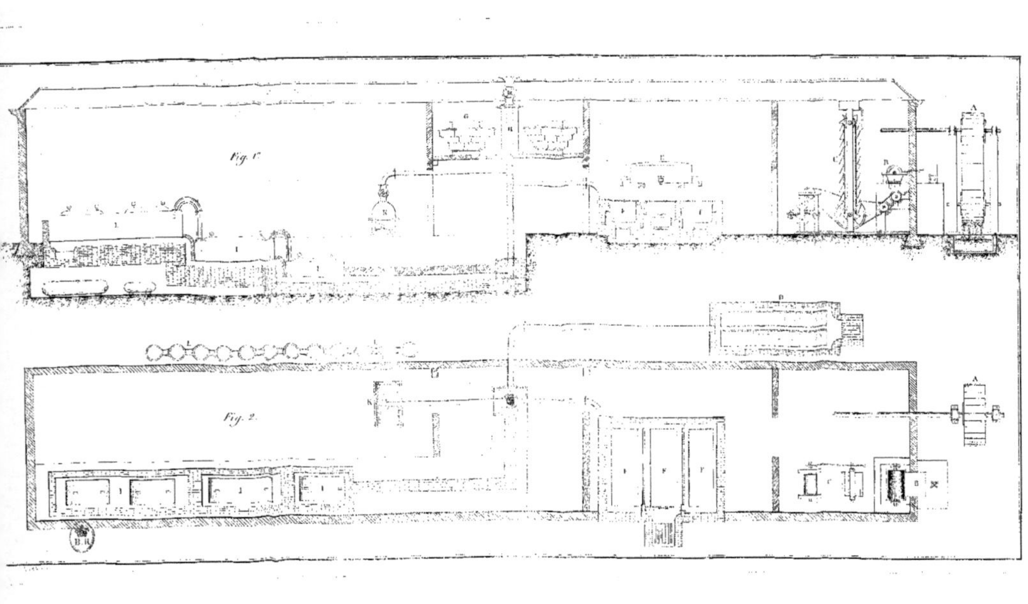

Fig. 1.
Fig. 2.

9 782329 027616